餐桌上的科普

美味的明太鱼

【韩】梁大胜／文　　【韩】姜中彬／图

李小晨／译

中国农业出版社

生活在大海中的鱼类有很多。
但其中有一种最特别。
是谁呢？它就是明太鱼。
也许你对它并不熟悉，没关系，
一起来跟随明太鱼听听关于它的故事吧！

外貌

嗯嗯，现在就来介绍明太鱼。
明太鱼很苗条，
你会越看越喜欢它。

眼睛又大又圆。

嘴很大。
下颚比上颚突出。
而且下颚上还长着一根
十分细的胡须。

身体长度有30~60厘米。

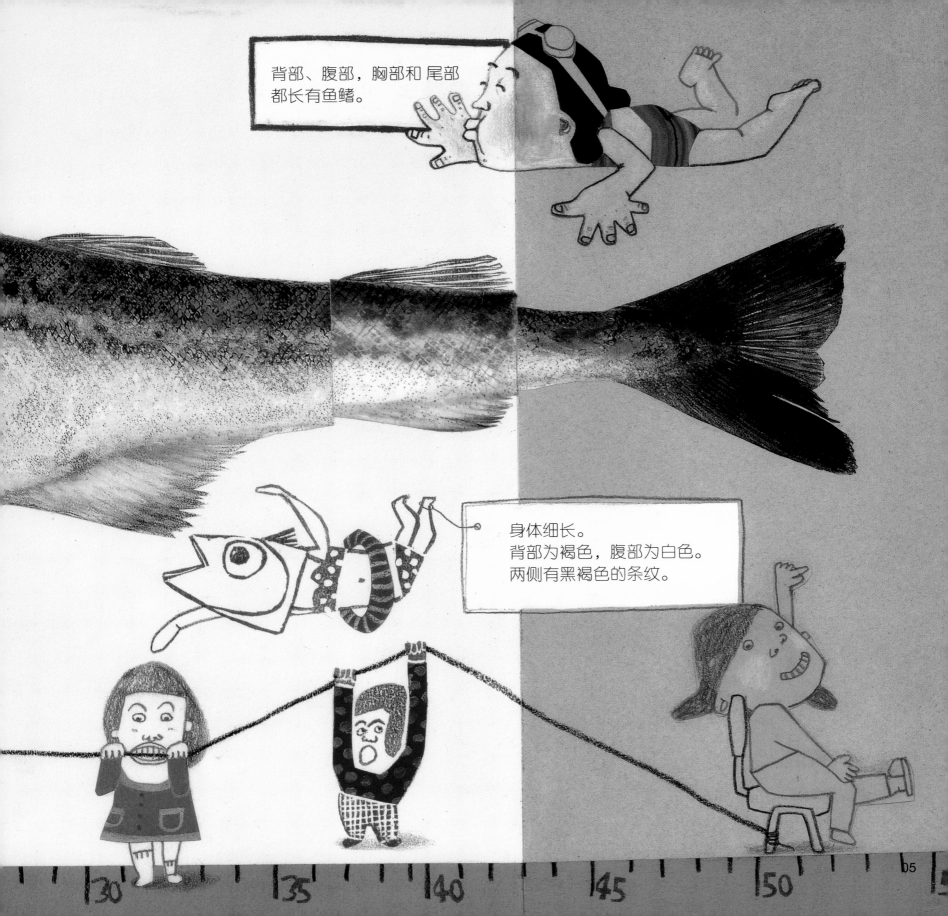

生长过程

明太鱼喜欢冷水。

海水温度超过10℃的环境就很难生存。

2~6℃最为适宜。

如果海水温度上升，明太鱼就会离开。

明太鱼以小凤尾鱼、鱿鱼、小虾、小蟹为食。

如果食物不足，有时也会吃掉自己的孩子。

小明太鱼

明太鱼越小越喜欢冷水。
所以一般生活在
水温为2~5℃的深海里。

1岁大小的明太鱼

明太鱼1岁大的时候
大概有10~16厘米长。

3~5岁的明太鱼

3~5岁的明太鱼开始繁殖。

长大的明太鱼

明太鱼的寿命一般在
10~16年。
长大的明太鱼
身长30~60厘米。

我家的家常菜

在韩国除了鱿鱼和青花鱼，
明太鱼算是人们最常吃的一种海鱼了。
不仅味道好，而且营养价值高。
但是除了韩国之外，
很少有国家知道明太鱼的美味。

1 明太鱼

2 鱿鱼

3 青花鱼

美味家常菜

人人爱的美食

人们一开始并没有那么喜欢明太鱼。

过去明太鱼甚至没有名字，就算被捕到了也会被扔掉。

但是随着寒冬的持续，食物消耗殆尽，人们才开始吃明太鱼。

没想到一尝味道还很不错！

自此明太鱼就成了连贵族们都喜欢的美食。

11

明太鱼起名的故事

"明太"这一名字是从何而来的呢?

相传是从古代传下来的。

那时咸镜南道气候寒冷且土地贫瘠,食物很少。

所以很多人因为缺营养而视力不好。

但是据说人们吃了明太鱼的肝之后视力便恢复了。

所以取"明目之鱼"的涵义,命名为明太鱼。

明太鱼的肝脏中含有丰富的维生素A,具有明目的功效!

13

很多人认为明太鱼能够带来福气。
所以祭祀的时候都会摆放明太鱼。
祭祀是驱邪祈福的一种仪式。
过去因为所有海鱼名字里都有一个"鱼"字，
因此从来不被摆上供桌，当然明太鱼也不能。
但是人们想了一个好办法，
那就是改名。
所以给明太鱼起了另外一个名字"福鱼"。
自此明太鱼就被名正言顺地摆上供桌了。

既然说到了名字那就接着
说一说明太鱼的其他名字吧?
明太鱼的名字有很多,
大概是世界上名字最多的鱼了。

生太

冻太

刚刚捉到的叫生太

冻起来的叫冻太, 晒干的叫福鱼

半干的叫半干明太鱼

冻完再化开的叫黄太

小时候的明太鱼叫小明太,

春天抓到的叫春太,

秋天抓到的叫秋太

用渔网抓到的叫网太,

用钓竿抓到的叫钓太

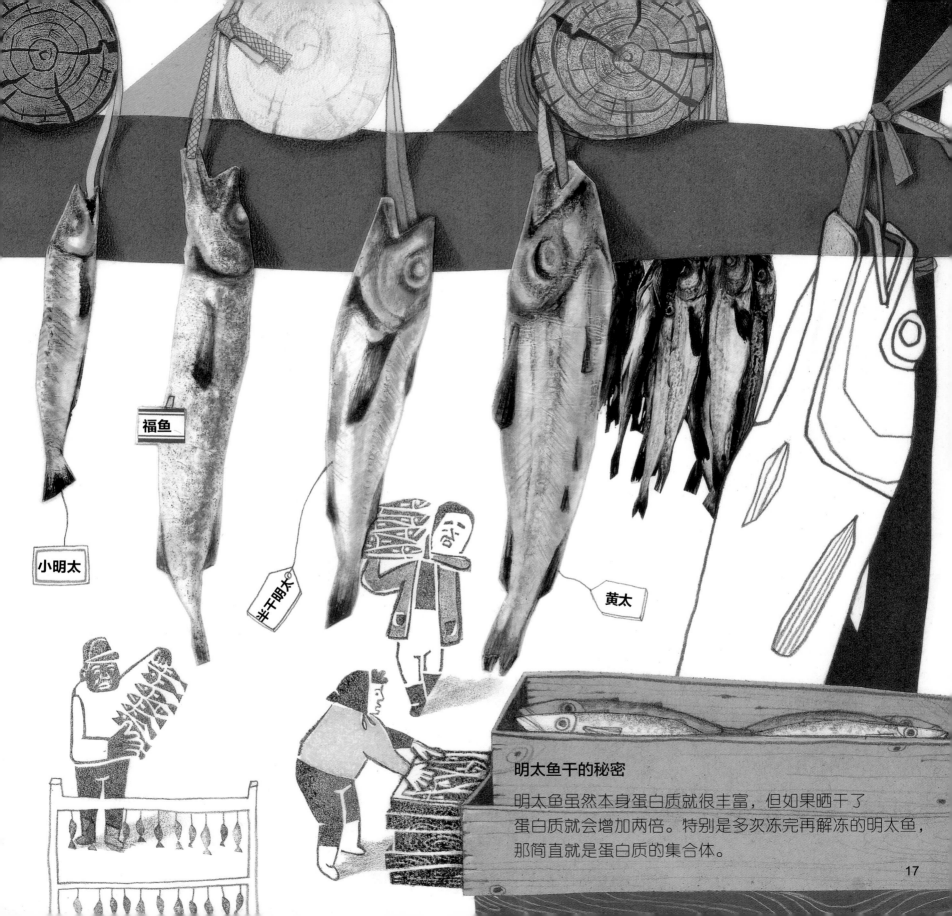

福鱼

小明太

半干明太

黄太

明太鱼干的秘密

明太鱼虽然本身蛋白质就很丰富，但如果晒干了
蛋白质就会增加两倍。特别是多次冻完再解冻的明太鱼，
那简直就是蛋白质的集合体。

捕鱼

夏天明太鱼生活在北太平洋的深处，
到了秋天就会游到韩国进行产卵。
春天海水变暖后，再重新回到北太平洋。
所以韩国从12月到次年1月是捕鱼量最大的时候。

因为明太鱼一般在深海产卵，
所以用一般的钓竿很难钓到明太鱼。
因此人们往往会把鱼钩挂在浮标上，
然后沉入海底。
撒好网后再收网。

将网撒在明太鱼会经过的地方，
等鱼上钩。
有经验的渔夫，
都知道应该将网撒在哪里。

19

美味的明太鱼

明太鱼不腥且清淡，
营养价值高又好消化，
还有助于毒素的排出。
下面介绍几道明太鱼料理吧！

福鱼汤

清淡的福鱼汤有护肝的功效，
所以人们喜欢在喝过酒后
来一碗福鱼汤。

生太汤和冻太汤

用新鲜的生太熬煮的生太汤清淡，
令人回味无穷。而用冻太熬煮的冻太汤
爽辣可口，是人们经常喝的一种汤。

炖明太鱼

在明太鱼中加入豆芽和调料一起炖煮。
甜甜辣辣的味道十分适合搭配米饭。

酱福鱼

用木棒将晾干的福鱼捶打松软，
再用水将福鱼泡开，
最后拌上调料小火收汤即可。

烤明太鱼也很有名。
除了鱼肉外，明太鱼的鱼籽和内脏也是很好的食材。
下面介绍一些特别的明太鱼料理。

鱼籽汤
这是一种用明太鱼鱼籽熬煮而成的汤。
当明太鱼鱼籽一个个在嘴中被咬破，
美味便会在口中扩散开。

烤黄太
在黄太上刷上辣椒酱，
用火烤制而成。

面粉

冻太饼
在冻太外面裹上面粉和鸡蛋液后
放在煎锅中煎至金黄。
这是过节或祭祀时不可缺少的一道菜。

明太鱼泡菜
这是江原道的特色泡菜，
加入了明太鱼和其他海产品，
营养价值很高。

明太鱼鱼籽酱
用明太鱼鱼籽制成，
咸香可口，十分下饭。

常吃的几种海鱼

除了明太鱼之外，人们常吃的海鱼还有很多。

一起看一看都有哪些吧！

青花鱼

青花鱼是其中比较有名的一种。
背部为青色，腹部为白色。
富含孩子们成长所需的不饱和脂肪酸。
新鲜的青花鱼肉质紧实且非常有弹性，
搭配萝卜可以有效去腥。

带鱼

带鱼是银白色的。
新鲜的带鱼鱼鳞光亮整齐。
因为鱼身细长像刀一样，所以也叫"刀鱼"。
带鱼不仅蛋白质丰富，且味道好，深受大众的
喜欢。
夏天与秋天是带鱼最美味的季节。

黄花鱼

黄花鱼是只在特殊的日子才能吃到的鱼。

黄花鱼酱更是稀有。

小黄花主要用来腌制,

大黄花鱼腹部呈现明显的黄色。

而进口的黄花鱼腹部大多为白色。

凤尾鱼

凤尾鱼是世界上最常见的一种海鱼。

主要是晾干食用。

多吃能够预防骨质疏松。

大的凤尾鱼可以做汤,小的凤尾鱼则可以炒食或者腌制。

海鱼也分季节

就像水果和蔬菜分应季与非应季一样,

海鱼也有自己的季节。

明太鱼最好的季节是冬季。

秋天最美味的要数斑鳐了。

斑鳐油很多所以烤着吃非常香。

过去有句话叫"秋天的斑鳐赛三升芝麻"

可见秋天的斑鳐是多么的美味。

除了海鱼之外还有很多其他美味的海产品。
找找看都有哪些海产品吧！

这些都有助于身体恢复。
所以在韩国刚刚生过孩子的产妇
都会喝海带汤，
也有生日喝海带汤的风俗。

鱿鱼
鱿鱼是紧随明太鱼之后，
韩国人最常吃的一种海产品。
鱿鱼做法很多，鱿鱼干、鱿鱼汤、鱿鱼酱等。

鲍鱼
鲍鱼比海鱼蛋白质更多，
营养也更加丰富。
一般用来做粥或刺身。

螃蟹
螃蟹肉质鲜美。
既可以蒸着吃也可以煮着吃，
当然还可以用酱油腌着吃。

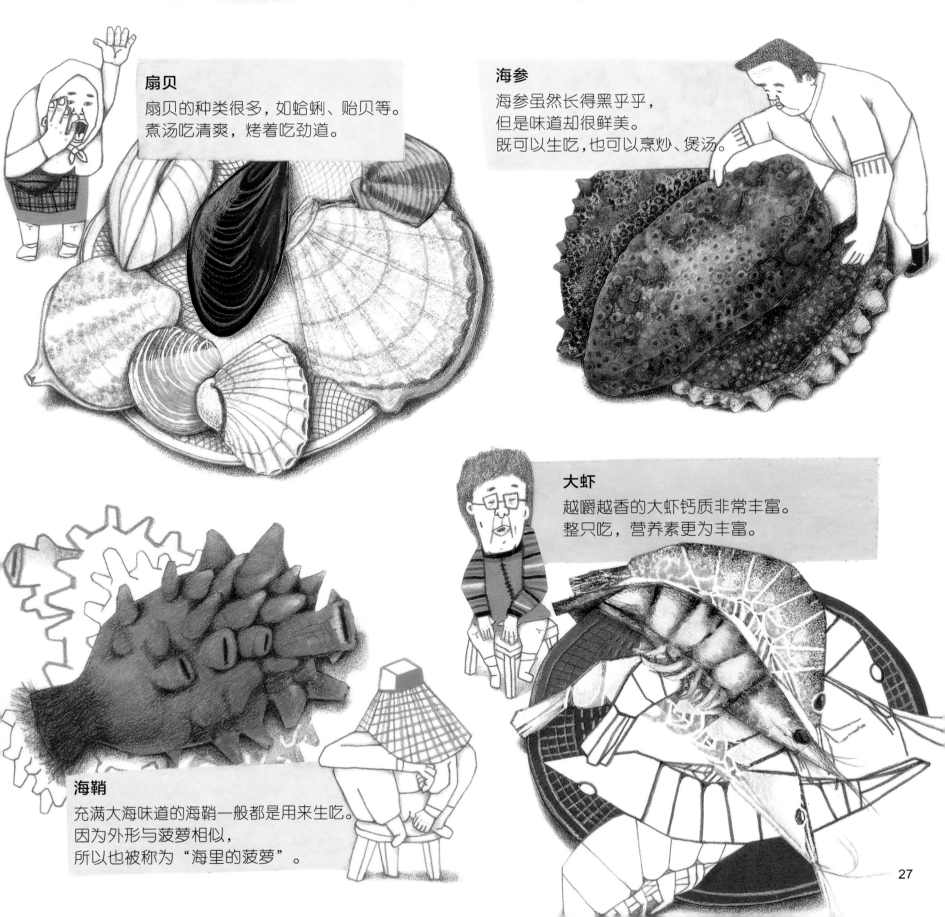

扇贝

扇贝的种类很多，如蛤蜊、贻贝等。
煮汤吃清爽，烤着吃劲道。

海参

海参虽然长得黑乎乎，
但是味道却很鲜美。
既可以生吃，也可以烹炒、煲汤。

大虾

越嚼越香的大虾钙质非常丰富。
整只吃，营养素更为丰富。

海鞘

充满大海味道的海鞘一般都是用来生吃。
因为外形与菠萝相似，
所以也被称为"海里的菠萝"。

27

以明太鱼为首，海中的海产品可谓品种繁多。
但是在韩国，明太鱼越来越少。
因为海水变暖，
喜欢冷水的明太鱼很难生存。
希望有一天明太鱼能够多起来。

各式各样的海鱼

外国人喜欢吃哪些海鱼呢？
一起来了解一下吧。

三文鱼

三文鱼一般生活在北部。
欧洲人、美国人很喜欢吃三文鱼。
三文鱼蛋白质和维生素E丰富，油脂很少。
冷冻储藏，能够吃很长时间。

鳕鱼

鳕鱼是明太鱼的亲戚。虽然鳕鱼肉很粗糙，
但是能够用来熬汤，价格还便宜，
所以深受欢迎。
于是鳕鱼也被称为"穷人的海鱼"。

金枪鱼

金枪鱼很大，
有的甚至体型超过人。
既可以做寿司，也可以腌着吃。
在日本，金枪鱼被称为"海鱼之王"。

秋刀鱼

秋刀鱼体型很小，
主要生活在浅海中。
一般都用盐腌制使用。
韩国把反复冷冻晾晒的秋刀鱼
称为"冻秋刀鱼干"。

旗鱼

在韩国基本无法捕捞到旗鱼。
因为旗鱼一般生活在太平洋或印度洋等暖水中。
体型很大，嘴部又尖又长。

鲈鱼

在韩国鲈鱼一般用来做生鱼片。
而在中国一般用来烤或蒸，
制作方法有很多种。
和鳕鱼、明太鱼一样，都很清淡。

沙丁鱼

沙丁鱼在欧美
一般被做成罐头食用。
是秋刀鱼的近亲，但身型更小。
油脂多，味道鲜美。

明太鱼正在逐渐消失

每年冬天都会造访韩国的明太鱼，
如今几乎看不到它们的身影。
原因主要是环境污染。
究竟事情是怎样发生的呢？

生活中排放的污染物污染了空气。
臭氧层逐渐变薄，甚至出现了臭氧洞。
有害身体的光线便通过这些臭氧洞照射到了地球上。

光线直接照射地球造成地球变暖。
空气和海水变暖后，
一些以前没有见到的生物出现了，
而一些以前常见的生物消失了。

韩国海域出现了很多
以前生活在暖水中的海姆。
而喜欢冷水的明太鱼却渐渐不见了踪影。

韩国的海水温度也在渐渐上升。温度上升会
造成海水的含氧量和含盐量发生变化。所以
对于生活在海水中的生物来说是一件非常可
怕的事。

太热了！

图书在版编目（CIP）数据

美味的明太鱼 /（韩）梁大胜文；（韩）姜中彬图；
李小晨译. -- 北京：中国农业出版社，2015.6
（餐桌上的科普）
ISBN 978-7-109-20361-7

Ⅰ.①美… Ⅱ.①梁… ②姜… ③李… Ⅲ.①鱼类－
儿童读物 Ⅳ.①Q959.4-49

中国版本图书馆CIP数据核字(2015)第073520号

명태가 맛있어
글 양대승 그림 강중빈 감수 한국음식문화전략연구원
Copyright © Yeowon Media Co., Ltd., 2011
This Simplified Chinese edition is published by arrangement with Yeowon
Media Co., Ltd., through The ChoiceMaker Korea Co.

本书中文版由韩国Yeowon Media Co., Ltd.授权中国农业出版社独家出版
发行。本书内容的任何部分，事先未经出版者书面许可，不得以任何方
式或手段刊载。

北京市版权局著作权合同登记号：图字01-2014-6824号

中国农业出版社出版
（北京市朝阳区麦子店街18号楼）
（邮政编码100125）
责任编辑 吴丽婷 程燕

北京中科印刷有限公司印刷 新华书店北京发行所发行
2015年7月第1版 2015年7月北京第1次印刷

开本：787mm×1092mm 1/12 印张：3
字数：60千字
定价：19.00元
（凡本版图书出现印刷、装订错误，请向出版社发行部调换）